知っているようで知らない会社の物語
ナイキ

原著／アダム・サザーランド　翻訳／稲葉茂勝　編集／こどもくらぶ

彩流社

はじめに

ナイキは、
アメリカのオレゴン州に本社がある
スニーカーやスポーツウェアなど、あらゆるスポーツ関連商品をあつかう世界的企業。
設立が1964年と、世界でその名が知られる企業としては比較的新しいほうです。
ところが、いまではナイキのロゴマークがついた製品は、
世界じゅうの子どもたちのあこがれのまとになっています。

でも、
ナイキのロゴマークや、ナイキのシューズなどは知っていても、
ナイキという会社については、よく知らないという人が多いのではないでしょうか。
下の10個の質問に〇か×で答えてください。

①ナイキという社名は、ギリシャの哲学者の名前からとった。
②ナイキのロゴマーク「Swoosh」は、「スオッシュ」と発音する。
③ナイキの前身は、ブルーリボンスポーツ（BRS）という日本の会社だ。
④ナイキの創業者の1人、フィル・ナイトは、バスケットボール選手だった。
⑤初期のナイキのシューズは、日本の会社がつくっていた。
⑥ナイキのロゴマークの開発報酬は、たったの35ドルだった。
⑦ワッフルメーカーからアイディアを得ている商品がある。
⑧ナイキは、マイケル・ジョーダンがバスケットボールのベテラン選手のときに
スポンサー契約を結んだ。
⑨ナイキの本社は「ナイキ・ワールド・シティ」とよばれている。
⑩ナイキは、唯一アフリカへの進出を果たせていない。

どうですか?
知っているようで知らないことが多いのではないでしょうか（答えは32ページ）。

ナイキの製品が、ほしくてたまらないという人がいます。
スポーツ用品メーカーはいくらでもあるのに、なぜ、ナイキの製品を?
日本にも、世界的に有名な会社があるのに……。
それでも、ナイキの製品をほしいと思う人が多くいます。

さあ、この本を読んで、
ナイキという世界的企業について、もっと知ってみませんか。
知れば知るほど、そのすごさがわかりますよ。
はたしてそのすごさとは?
この本で、
ナイキのすごさに感動して、もっとナイキが好きになるかもしれませんね。

目次

1. 7億1500万人が見たナイキ ……………………… 4
2. スポーツ用品市場のシェア ……………………… 6
3. 巨大ビジネスの誕生 ……………………………… 8
4. ブルーリボンスポーツとは？ …………………… 10
5. もっとよいものを！ ……………………………… 12
6. 独力で！ …………………………………………… 14
7. いよいよナイキブランドの誕生 ………………… 16
8. ライバルに勝つ …………………………………… 18
9. スター選手の力を借りて ………………………… 20
10. ナイキ本社内部では ……………………………… 22
11. 一時的な問題 ……………………………………… 24
12. 世界的ブランド …………………………………… 26
13. ナイキの将来に待つものは？ …………………… 28
★ ナイキの全体像 …………………………………… 30
❖ さくいん …………………………………………… 31

この本のつかい方

会社について、13のテーマでくわしく解説。会社の成り立ちや成功への道、また直面した問題をどのように解決したかなど、さまざまなエピソードを紹介しています。

「支えた人」では、会社の設立や成功に大きく貢献した人びとについて、くわしく紹介しています。

会社に関する貴重な写真などをたくさん掲載しています。

「覚えておこう！」では、ビジネスに関する重要なキーワードについて解説しています。キーワードは、そのページで紹介しているエピソードにかかわるものです。

1 7億1500万人が見たナイキ

2010年のFIFAワールドカップ、スペイン対オランダの決勝戦は、地球上の総人口の1割にあたる7億1500万人が見た。そのとき両チームのユニフォームやシューズには、ナイキのロゴマークがかがやいていた。

▲2010年のFIFAワールドカップ決勝戦で決勝点を決めたスペインのアンドレス・イニエスタ（右）。

多くのスポーツで登場

2011年4月、クリケット・ワールドカップでのインドとスリランカの決勝戦は、当時のインドの全人口12億1000万人のうち9割の人が、ナイキ製のクリケットユニフォームを身につけて優勝トロフィーをかかげるインドチームを見たという。

その1週間後、南アフリカのゴルファー、シャール・シュワーツェルが、最終4ホールで4連続バーディー*をうばって、マスターズを制した。そのシュワーツェルは、ナイキのウェアを着ていた。クラブもナイキで、ボールもナイキだった。

このように、多くのスポーツで、また、世界のいたるところのスポーツ大会で、ナイキのロゴマーク「スウッシュ（Swoosh）」が見られる。

いまでは、スウッシュは、サッカーユニフォームやテニスシューズ、ゴルフクラブ、クリケットのバットにいたるまで、じつにさまざまなスポーツ関連商品にえがかれている。

*バーディーとは、ゴルフで規定の打数よりも1打少なくそのホールを終えること。

覚えておこう！
ナイキとスウッシュ

「ナイキ」という社名は、ジェフ・ジョンソンという社員が、ギリシャ神話に登場する勝利の女神「ニーケー（Nike）」にちなんでつけた（⇒P16）。「スウッシュ（Swoosh）」とは、1971年に商標登録されたナイキのロゴマークのこと。勝利の女神ニーケーの翼をモチーフにしてデザインされた。このロゴマークはナイキの創業者のフィル・ナイトがキャロライン・デビッドソンに依頼して考案してもらったものだ（⇒P16）。

「ナイキ」の前身は「ブルーリボンスポーツ（BRS）」

　ナイキの創業者は、アマチュアランナーだったフィリップ（フィル）・ナイトとコーチのビル・バウワーマンである。当初2人は「ブルーリボンスポーツ（BRS）」という名前で、1964年に会社を設立したが、1978年に「勝利の女神ニーケー（Nike）」を意味する「ナイキ」に改名した。

　現在「ナイキ」は、スポーツがもたらしてくれるすばらしい価値（チームワーク、スポーツマンシップ、勝利）の代名詞ともなっている。一般の人たちも、犬の散歩、公園でのジョギング、友だちと楽しむサッカーなど、日常の場面でナイキを身につけるようになっている。

▲ナイキのハーフパンツとシューズをはいてジョギングする男性。

▼急成長をとげる中国市場に向けて、世界一のハードル選手、劉翔がナイキの広告に登場した。

2 スポーツ用品市場のシェア

本社のあるアメリカでは、ナイキ製品のスポーツ用品市場に占めるシェアは、45％に達する。ライバル会社をはるか遠くに引きはなしている。
世界全体で見ても、ナイキのシェアは17％もあるという。

およそ2000億ドルのスポーツ用品市場

アメリカでは、ナイキのほか、アディダスやリーボックなどのスポーツ用品に人気がある。しかし、それらのライバル会社にくらべても、ナイキは目立ってシェアが大きい。スポーツ用品市場は、世界で1950億ドルといわれる。その巨大市場におけるナイキのシェアは17％。

日本やヨーロッパなどの競合会社がひしめくなかでの、その数字の意味は大きい。

2000年以降の総収益と純利益

下の棒グラフは、2000年以降のナイキの総収益と純利益(⇒P19)の成長を示したものだ。

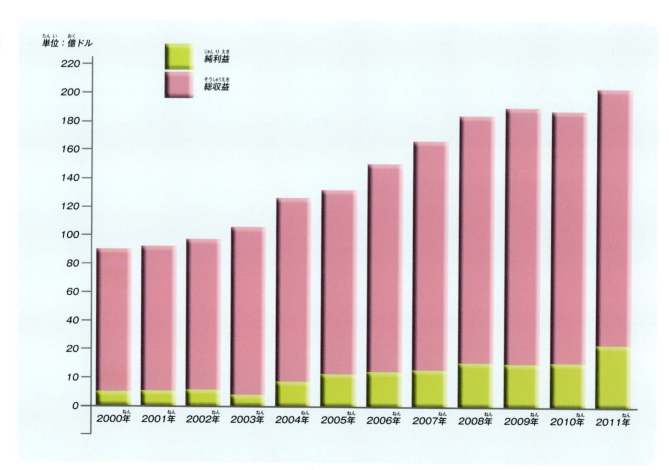

▲2001年と10年後の2011年をくらべると、総収益が約2倍に、純利益はおよそ4倍にのびている。

ナイキの成功の理由

ナイキがライバル会社よりシェアが大きいのは、決して偶然によるものではない。価格が安いからでもない。じつは、ナイキはアメリカンフットボールから総合格闘技にいたるまで、あらゆるスポーツの一流選手・チームのスポンサーとなっている。一流選手がナイキ製品を使用してきたことで、多くの人がナイキ製品を買いもとめるのだ。勝者となれるように！

「Just Do It.」

ナイキのキャッチコピーのひとつに「Just Do It.」というのがある（1988年）。これは非常に画期的なものだといわれ、20世紀の「スローガントップ5」にも選ばれた。

この言葉は、日本語に直訳すると「ただそれだけをしろ」となる。すなわち「やるだけやれ」「やるしかない」ということだ。Just Do It. の裏側には「まよぅな」「はやくやれ」という意味もかくれている。このキャッチコピーが、人びとの購買意欲を刺激したのは、たしかなのだ。

> 「われわれはナイキをスポーツとフィットネスに関する世界最高の企業にしたかった。言葉にすることで、目標が明確になる。かっこいいブローグ*をつくったり、ザ・ローリング・ストーンズの世界公演のスポンサーをつとめたりするだけで終わることはない」
> ― フィル・ナイト

＊革に穴を開けた装飾がほどこされたくつ。かっこよさの象徴。

▲ナイキストアでの記者会見に登場したフランスの棒高跳び選手、ルノー・ラビレニ（2014年2月）。キャッチコピーは、写真のように「JUST DO IT.」とすべて大文字で書かれることが多い。よりインパクトのある表現となっている。

写真：PanoramiC/アフロ

3 巨大ビジネスの誕生

どんなに巨大な企業でも、一歩からはじまる。
ナイキの場合は、2人の男性が大学で出あうことからすべてがはじまった。

ナイトの思い

ナイキの創業者の1人は、フィリップ（フィル）・ナイト。アメリカの北西に位置するオレゴン州ポートランド出身で、中距離ランナーだった。彼は、オレゴン大学に入学し、評判のよいコーチ、ビル・バウワーマンの率いる陸上部に入部した。

卒業後、ナイトはスタンフォード大学のビジネススクールに入学した。そこで、小規模ビジネスの立ちあげに関する研究をおこなっていたが、走ることへの熱い思いがつねにつきまとっていたという。どうすればよりはやく走れるのかを、つねに考えていたのだ。

彼は、高品質のシューズがランニングを助けてくれることを知っていた。しかし、そうしたシューズは、当時のアメリカではめったに手に入らなかった。

彼はいつしか「日本人がカメラ製造の際におこなったことを、ランニングシューズの製造でもやってみたらどうか。カメラ市場でニコンがしたように、高品質でありながら低価格のシューズをつくってみたら。それには大量生産が必要だ」などと考えていた。そして、3年のうちに、高校や大学のランナー向けに年間2万足のシューズを販売できるようにしたいと考えた。

日本で見つけた高品質のシューズ

1962年の夏、ナイトは世界旅行に出た。途中、1963年に日本を訪問。オニツカタイガー（現在のアシックス）が製造していた「タイガー」という高品質の陸上シューズに出あった。彼は、そのすばらしさに目をみはり、すぐに神戸にあるオニツカタイガー本社をたずねた。その会議室でのこと。ナイトは、オニツカタイガーの社員に向かって、「自分はアメリカのブルーリボンスポーツという輸入会社のものだ。5足の高品質の

◀ナイキの共同創業者、フィル・ナイト。サングラスがトレードマークといわれている。

▲1962年の全米大学体育協会（NCAA）の陸上競技会で、オレゴン大学の陸上部を優勝に導いたビル・バウワーマン（ぼうしをかぶった人物）。バウワーマンは多くの優秀な選手を育てた名コーチだった。

写真：AP/アフロ

シューズを見本として送ってほしい」と依頼した。その際、彼は父親から借りていた37ドル（当時１ドル＝360円、いまの価値にすると６～７万円）を支払ったという。

コーチがビジネスパートナーに

アメリカのポートランドへもどり、送られてきたシューズを見たナイトはすぐさま、そのうちの２足をかつてのコーチ、ビル・バウワーマンに見せた。バウワーマンはそれを自ら試し、選手たちにも試させた。

結果、彼はナイトのビジネスパートナーとなっていた。ナイトはもっぱら会社の財務と日常の業務を担当。バウワーマンは、デザインの改善点を提案したり、知り合いのコーチにシューズをすすめたりしたのだ。

1964年２月、ナイトとバウワーマンはそれぞれ500ドルずつ出しあって、ブルーリボンスポーツ（BRS）を設立。はじめて300足のシューズをオニツカタイガーから輸入し、オニツカタイガーの輸入販売代理業務をおこなった。ナイトが神戸で話したことが実現したわけだ！　１足あたり4.06ドルで買って6.95ドルで販売。１足につき2.89ドルの利益が出た。

支えた人
フィル・ナイト

ナイトは、1968～1990年および2000～2004年の社長。現在は会長として役員の相談に乗ったり、目標と方針を株主や外部に示したりする仕事をしている。また、役員会のメンバーを指名するという重要な役割もになっている。

覚えておこう！
会社の設立

株式会社とは、会社の株式（株）を株主が所有し、取締役によって運営される会社のこと。株の価格は、会社が決めるものと、需要と供給の関係で決まるもの（市場価格）がある。市場価格は、株を買いたいと思っている人（需要）と売りたいと思う人（供給）のあいだで決まる。

4 ブルーリボンスポーツとは？

ナイトとバウワーマンは、ブルーリボンスポーツ（BRS）を設立させてまもないころ、自ら宣伝広告をつくったり、自動車で販売にでかけたりした。

BRSのはじまり

ナイトが神戸でオニツカタイガーの役員たちにはじめて会ったころ、すでにオニツカタイガーの商品はアメリカでも販売されていた。ニューヨークのビル・ファレルがレスリングシューズを輸入・販売していたのだ。しかし、ナイトとバウワーマンは、競争相手がいることはかえってよいことだと考え、オニツカタイガーの神戸本社に手紙を書いて、BRSはオニツカタイガーの商品の販売について、かならずよい仕事をするとうったえた。そうしてBRSは、オニツカタイガーの製品で大きな仕事ができるようになったのだ。

ナイトたちのやり方

ナイトはオレゴン州で年1回開催される高校陸上競技会に注目した。ここで、新しい日本の陸上シューズの品質のよさを宣伝しようとした。

まず、陸上コーチにわたされる情報誌に広告をのせた。ところが、6.95ドルと低めに設定した価格のせいで、品質がよくないのではないかと思われ、広告効果は期待したほどにはあらわれなかった（販売実績は、競技会のあとの1週間で31足）。しかし、その後もナイトとバウワーマンは知るかぎりのあらゆる陸上競技会へ、自動車の後部座席にシューズをつんで自ら販売にでかけた。

こうした努力のかいあって、1964年5月までには、商品の追加発注ができるようになっていた。

◀オレゴン大学出身のランナー、アンドリュー・ウィーティング（中央）とジェフ・ジョンソン（左）、大学の陸上コーチ、ビン・ラナナ（右）。

▶展覧会のためにつくられたオニツカタイガーのランニングシューズの模型。

BRSの発展

　ナイトは、BRSがはじめて得た利益をつかって日本を訪問。アメリカの西部13州で「タイガーシューズ」を独占販売する権利を得た。しかし、その権利獲得には、年間5000〜8000足を販売するというきびしい条件がついていた。

　1965年、BRSはジェフ・ジョンソンを契約社員としてやとった。ジョンソンも走ることに情熱をもやす選手だった。彼の報酬は、前払金で400ドル、それに売上に応じた手数料が追加されるというもの。彼はこの契約のもと、1966年9月までに大量のシューズを販売し、手数料として736ドルをかせいだ。

　その後、ジョンソンは、正社員になれば人件費はもっと安くてすむとナイトに申しでた。結果、BRSのはじめての正社員が誕生した。

　正社員になったジョンソンは、タイガーブランドのTシャツを競技会の優勝者におくることなどを提案。その結果、アメリカ西部でおこなわれた競技会の優勝者の胸には、タイガーのロゴマークが見られるようになった。

　そのTシャツが人気をよんだので、ナイトはTシャツの販売をはじめた。こうしてBRSは1966年の終わり、カリフォルニア州サンタモニカで、シューズとTシャツなどを販売し、シューズを買う前に試しばきできる小さな店をオープンさせた。それは、世界じゅうに拡大していくナイキの小売店のはじまりだった。

支えた人

ジェフ・ジョンソン

　ジョンソンはロサンゼルスにあるカリフォルニア大学ロサンゼルス校で人類学を学んでいた。卒業後は、アディダスに就職していた。ある陸上競技会で、選手時代のライバルだったナイトと出あった際、ナイトからタイガーシューズの販売を依頼されたことがきっかけで、BRSの社員になった。彼は売上の管理、全国的なランニング雑誌への広告、最初の小売店の運営などをおこなった。

覚えておこう！

小売業

　小売業とは、消費者に商品を売る仕事（卸売業は、小売業者に対し商品を販売する）。一口に小売業といっても、家族経営のパン屋のような小規模のものから、ナイキのような世界じゅうに店舗を展開する大企業まである。

5 もっとよいものを!

ナイトとバウワーマンはランニングシューズ市場でのトップを目指した。そのために、つねにシューズの改良につとめていた。

ジョギングブームが起こる

ビル・バウワーマンは、ジョギングをテーマにして『ジョギング』を共著で書いたところ、これが大ヒット。また、1960年代後半には、アメリカで一大ジョギングブームが起こった。

そうしたなか、その本によって、バウワーマンはジョギングとランニングシューズの専門家として知られるようになった。そしてそのことが、BRSにとって有利に働いたのだ。バウワーマンがランナーやコーチにオニツカブランドを推薦すると、オニツカタイガーのシューズを使用する人が、どんどん増えていった。

「コルテッツ」誕生

当時、アディダスをはじめ、世界的なスポーツ用品メーカーが、高品質・高性能の競技用シューズを製造・販売していた。ナイトはそれに対抗するため、ほかのシューズにまさる最高の新しいランニングシューズを設計するように、バウワーマンに依頼した。そして、バウワーマンの意見をとりいれた新しいシューズの製造をオニツカタイガーに発注した。そうしてできた高品質・高性能のシューズが「コルテッツ」だった。これは、1968年のメキシコシティーオリンピックにまにあうように発売され、それまでのオニツカタイ

▼まちを走るアメリカのジョギング愛好者。ジョギングの流行のおかげで、ランニングシューズが大量に売れた。

ガーの製品のなかでもっとも売れたもののひとつとなった。

バウワーマンの実績

バウワーマンは、シューズが軽ければ軽いほど記録はよくなると確信していた。1足につき約28グラム軽くすることができれば、1マイル走（約1600メートル）のランナーの場合、歩数から考えて合計約24キログラム軽い状態で走れると計算した。そこで彼は、オニツカタイガーに、2枚のナイロンシートのあいだにうすい発泡体の層をはさんだ非常に軽いランニングシューズをつくろうと提案。結果、市場に出まわっている革製や帆布製のシューズよりもずっと軽いものができた。「タイガーマラソンシューズ」の登場だ！BRSはそのシューズの独占販売契約（契約期間3年⇒P14）をオニツカタイガーとかわした。こうしてBRSの売上は、1967年の8万6000ドルから、1969年には41万4000ドル、1970年には100万ドルへと飛躍的に上昇した。

支えた人
ビル・バウワーマン

バウワーマンはBRSの研究開発部のトップでありながら、ブランドの初代「宣伝大使」もつとめた。彼は、すべての新商品について自身がコーチをしているチームでテストをおこなった。そのテストを通じ、素材の改良、商品の軽量化、快適さの向上をはかった。宣伝大使としては、国じゅうのコーチやランナーにどんどん紹介していった。こうしてBRSは、テストをしては、シューズの評価や意見を得て、その結果できたシューズを紹介・推薦するといったネットワークを広げていった。

▲1968年のメキシコシティーオリンピックに向けて、オニツカタイガーのコルテッツをはいてトレーニングをするアメリカのランナー、トミー・スミス。

覚えておこう！
研究・開発と特許

「研究・開発」は、英語のResearch and Developmentの頭文字をとって「R＆D」とよばれる。アップルや任天堂のような会社では、画期的な商品を生みだし成功するために、特許をとろうとする。「特許」とは、新しい商品や技術について、その発明者にあたえられる法的な所有権のこと。スポーツ用品では、エアソール（ソールは靴底のこと）や、試合中乾燥状態が保てるサッカーユニフォームなど、無数の特許がある。ナイキも4000近くの特許を獲得した。アディダスの500とくらべるとその多さがわかる。

6 独力で!

オニツカタイガーの高品質の競技用シューズを独占販売してきたBRSの売上は、年間100万ドルを達成。ところが、オニツカタイガーとのあいだでトラブルが生じた。

▼競馬大会で冗談をいいあうバウワーマン（左）とナイト（右）。

BRSとオニツカタイガー

アメリカ西部でのタイガーシューズの販売は好調だった。1969年にBRSは、オニツカタイガーと1972年12月31日まで有効の独占販売契約を結んだ。ところが、その契約内容はBRSにとって不満の残るものだった。その理由として、つぎのようなことがあげられている。

- BRSに大きな売上実績がありながら、オニツカタイガーからの仕入れ価格はさがらず、前払いが要求された。
- 日本からの輸送費（船）が高く、利益が圧迫されていた。

1969年に結ばれた独占契約は、9か月で解消され、その後BRSは独自の道を歩むことになった。

いよいよナイキ創業へ

オニツカタイガーと関係がなくなったBRSは、別の計画を考えるほかなかった。BRSは自社ブランドのシューズをつくる必要があった。それには、製造業者を探さなければならなかった。

1968年のオリンピック向けにアディダスのシューズを製造していたメキシコの会社と交渉し、アメリカンフットボールのシューズの製造・販売をはじめた（オニツカタイガーは、アメフト用シューズを製造していなかった）。

当時、アディダスはおもにヨーロッパが中心で、オニツカタイガーは日本国内の展開が中心だった。BRSは、高品質の競技用シューズのアメリカ市場は有望だと見ていた。

そうしたなか、BRSは、運よく日本製品をアメリカで宣伝しようとしている日本の業界団体から援助を受けることができた。いよいよナイキ創業へ！

「コルテッツはもともと、1968年のメキシコシティーオリンピックにちなんで『アズテック*』という名称だった。でも、すでに『アステカゴールド』というシューズをつくっていたアディダスに反対されたため、断念した。結局、アステカ族を打ちまかしたスペイン人である、エルナン・コルテスの名にちなんで、コルテッツとした」

フィル・ナイト

*アステカ族という意味。14世紀ごろ、メキシコ中央高原に王国を築いた。

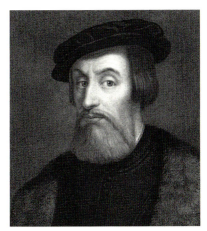

◀スペインの武将、エルナン・コルテス。1519〜1521年にアステカ王国をほろぼし、メキシコを征服した。

スポーツ	商品の内容
ランニング	シューズ、ウェア、サングラス、ランニングソックス　など
サッカー	シューズ、ウェア、ボール、ソックス　など
野球	シューズ、ウェア、グローブ、バッグ　など
トレーニング	シューズ、ウェア、ソックス、バッグ　など
ゴルフ	シューズ、ウェア、ゴルフクラブ、ボール　など
バスケットボール	シューズ、ウェア、ボール、ソックス　など
スケートボーディング	シューズ、ウェア、キャップ、ソックス　など
スノーボーディング	ウェア、スノーゴーグル、ジャケット　など
テニス	シューズ、ウェア、キャップ、バッグ　など
アメリカンフットボール	シューズ、ウェア、ショートスリーブ、ソックス　など

▲ナイキのホームページで見られる商品の例。スポーツごとに探せるほか、男性用、女性用、子ども用などの分類もなされている。もともとはランニングシューズ専門だったが、多様な商品を展開してきた（ブランド・ストレッチ⇒覚えておこう！）。

覚えておこう！
ブランド・ストレッチ

会社はしばしば新しい商品やサービスを提供するようになる。それはほかの商品が縮小したり顧客の興味を引かなくなったりしたときに備えるためだ。ナイキが新商品を販売することは、消費者がスポーツウェアを買う動機づけとなっている。イギリスでは、スーパーマーケットが自動車や家の保険を提供することがあるが、このように、会社が本来とまったくことなる商品やサービスをあつかうことを「ブランド・ストレッチ」という。

7 いよいよナイキブランドの誕生

はげしい競争のなかでは、覚えやすくて印象的な名前とロゴが最重要である。市場調査会社に依頼して、何年もかけてじっくりつくる会社もある。しかし、ナイトは3人の友人を集めて「10億ドルブランド」を考えだしたのだ。

▲古代遺跡に残されたニーケーのレリーフ。

名前とロゴマーク誕生秘話

ナイトは、新人グラフィックデザイナーのキャロライン・デビッドソンに「アディダスのスリーストライプス（3本線）のような、人びとの目を引くロゴマークをデザインしてほしい」と依頼。彼女は「チェックマーク（✓）」を大きくしたようなものを思いついて図案化した。しかし、それを見た人はだれ1人賛成しなかったという。BRSにとって新しいブランド名探しは、当時の最重要課題だった。それが何ともふしぎなできごとにより決まったのだ。

ある朝、ジェフ・ジョンソン（⇒P11）が目ざめると頭のなかにハッキリとしたアイディアがうかんでいたという。それが、「ニーケー(Nike)」だった。ギリシャ神話に出てくる翼のはえた勝利の女神である。

勝利の女神は、競技用のシューズのブランド名として最高だ！ デビッドソンがデザインした「チェックマーク（✓）」も「ニーケー(Nike)」の翼のように見えるではないか。ジョンソンは、トップ企業の名前には短いものがよいこと、また、ゼロックス(Xerox)、ジッポー(Zippo)の「X」「Z」のようにあまり多く使用されない文字からはじまる名前が多いことなどを思いだした。

ナイキ(Nike)は、まさにそのとおりだった。ナイトは、こういった。

「わたしは好きじゃないが、きっとそれが一番いいものだろう」

▲ナイキのロゴマーク「スウッシュ」は、世界じゅうで知られている。

支えた人

キャロライン・デビッドソン

1971年、ナイトからロゴマークのデザインの依頼を受けたデビッドソンは、当時まったくの新人だった。ロゴマークのデザイン料はたったの35ドル。しかし、その後、彼女はナイキの専属デザイナーとなり、ナイキのさまざまな製品や広告のデザインを担当した。

▼1982年「エア フォース 1」の製作立ち上げの際、役員室テーブル上にそろった全サイズのナイキシューズ。

当初のナイキ製品は日本製

1971年6月、はじめてのナイキブランドのアメリカンフットボール用のシューズを発売。ところが、暑いメキシコでつくられたシューズは、気温の低いアメリカの冬に、ソール（靴底）が割れてしまう事故が起こった。ナイトが発注した1万足は大幅に値下げして販売しなければならなくなった。

そこでナイトは、日本の福岡の会社に依頼。その会社はオニツカタイガーのライバル会社だった。その会社に、オニツカタイガーがつくっていた「コルテッツ」6000足と、テニスシューズ1万足、バスケットボールシューズ、レスリングシューズなどを発注したとされている。

ところが、それはオニツカタイガーにとっては、ナイキ側の仕入れ切りかえを意味した。「仕入れ切りかえ」とは、同じものをことなる会社から仕入れること。日本では好ましくないこととされている。

覚えておこう！

オニツカタイガーとナイキの和解

オニツカタイガーがつくっていた「コルテッツ」を、ナイキがオニツカタイガーのライバル会社につくらせたことなどにより、当時、両社の関係は悪くなり、オニツカタイガーが、ナイキを相手どって裁判を起こした。ナイキ側も、オニツカタイガーが、バウワーマンの考案したモデルを製造しつづけたことでうったえた。こうして法廷闘争が続いたが、オニツカタイガー側からナイキ側に、和解金が支払われて決着。なお、オニツカタイガーは1977年に株式会社アシックスとなり、その後、大きく成長している。

8 ライバルに勝つ

現在、ナイキがライバル会社をリードできているのには理由があった。
それは、新しいシューズの性能をすぐに確認しながら改造できる環境だった（⇒P13）。
その背景には、最高の設計を追いもとめるビル・バウワーマンの情熱があった。

バウワーマンの情熱

ナイキは、シューズをつくりあげるのも、販売するのもまた選手である。自身が選手でコーチだったビル・バウワーマンは、究極の性能を求め、とことん軽量化を目ざした。甲の部分にナイロンを用いたり、底にうすい発泡体の層をつかったりと、新しい素材を試した。1970年には、バウワーマンは妻がつかっているワッフルメーカーに液状のウレタン（ゴムの一種）を流しこむ実験をおこなった。クロスカントリー競走のぬかるむ坂や、アメリカンフットボールの人工芝のようなすべりやすい路面に対応できるソールをつくれないかと考えたのだ。

そのワッフルメーカーは、ワッフルづくりにはつかえなくなってしまったが、ナイキのおなじみとなった十字模様の「ワッフルソール」が完成。まもなく、それをつかった「オレゴンワッフル」「ワッフルトレイナー」などのシューズが製造され、1978年までにアメリカ国内だけで、毎月10万足もの売上をあげた！

また、当時、女性専用に特別設計されたはじめてのシューズや、過去のモデルを改良したシューズなど、ナイキ製品はどんどん多種多様化していった。それにともなって、売上もどんどんアップ。シューズ以外の市場に進出する足がかりを得たのだった。

ナイキに改名する前とあと

BRSは1972年、320万ドル相当のシューズを販売した。その後の10年間、毎年利益が増加し、1978年までに売上が3600万ドル以上となり、利益は1100万ドルとなった。

そのころ、アメリカではアディダスがトップブランドだった。コンバースのほぼ2倍、プーマの4倍の規模をほこっていた。BRSは4位。この時点で社名を正式にナイキに変更したのだ。それには製品名と社名を一致させることで、会社と製品を同時に強く位置づけるというねらいがあった。

▼アメリカのランナー、マーク・コバートが使用していたシューズ。コバートは1968年7月23日から45年間、1日も休まずに走りつづけ、通算距離は24万キロメートルをこえた。地球を6周したことになるという。

▲ナイキの「エア トレイナー」シリーズをならべた1988年の広告。

「エア」の登場

　1979年、ナイキは「エアソール」を用いた初の競技用シューズを発表。「ナイキ テイルウィンド」だ。これは、ソールのなかにガスを入れてクッションにしたもの。エンジニアのフランク・ルディが発明し、ナイキの「エア」として知られている。この発明のおかげで、スポーツ選手は、よりはげしく長時間トレーニングできるようになり、けがの危険も減ったという。これは、アディダスをぬくための大きな武器となった。

覚えておこう!
損益

　会社の総収益から純利益を計算したものを記す報告書を「損益計算書」という。これは、会社の管理職や投資家に対し、会社が黒字か赤字かを示す役割がある。「総収益」は、商品やサービスの売上高（経費をさしひく前の金額）。「純利益」とは、総収益から経費をさしひいたもの。また、「粗利」は、商品の売上高から売上原価（仕入れや製造の費用）を引いたもの。

支えた人
フランク・ルディ

　フランク・ルディは、もともとは航空宇宙エンジニアだった。彼はトレーニングシューズのソールにガスをとじこめる方法を開発。シューズのクッション性と快適さを高めた。じつは、彼はこのアイディアを業界トップのアディダスに見せていたのだ。しかし、アディダスが興味をしめさなかったので、1977年にナイトに提案。ナイトはルディの試作品を自ら試し、そのクッション性と快適さにおどろいた。まもなくランニングシューズ「ナイキ テイルウィンド」が誕生。1982年にはバスケットボールシューズ「エア フォース 1」が登場した。しかし、エアソールに一般の人びとが関心をよせたのは、1987年にザ・ビートルズの楽曲「レボリューション」をつかったCMがきっかけだった。その後、ナイキはトップランナーになるが、それを支えたのは、ルディのたえまない創造力と問題解決のための集中力だった。

9 スター選手の力を借りて

ナイトはBRSを経営しはじめたころから、有名なスポーツ選手に自社製品を使用してもらったり、話題にしてもらったりすることで、売上があがると確信していた。

トップランナーに資金援助

社名をナイキと改名したのちナイトは、ナイキのシューズがいろいろなスポーツの一流選手から信頼され、その名前が広まっていくようにするにはどうすればよいかをつねに考えていたという。

このとき、バウワーマンが、オレゴン大学ですぐれた長距離ランナーのスティーブ・プリフォンテーンを指導したことをつかわない手はなかった。プリフォンテーンが、1976年のモントリオールオリンピックに向けて、トレーニング費用などを求めていることをつきとめ、プリフォンテーンに対し、つぎの条件で資金援助（スポンサー契約）を申しでた。

- ナイキの店舗で働くこと。
- ほかの選手にナイキのシューズを紹介する橋わたしになること。
- 高校や大学のランナー向けにランニングクリニックを開くこと。

こうしてプリフォンテーンは、年間5000ドルの資金援助を受けることになった。

スポンサー契約

BRS時代、バスケットボールシューズの売上は好調で、1975年までに何人かのNBA*選手と年間2000ドルになるスポンサー契約をおこなった。その金額は1970年代の終わりまでは年間1万ドルに上昇していた。1983年にはNBA選手のうちおよそ半数がナイキのシューズを使用するまでになっていた。それとともにナイキは高額のスポンサー料を出す会社として有名になった。

その当時、スポンサー契約をかわした選手には、テニス選手のジョン・マッケンローやアンドレ・アガシ、陸上選手のマリオン・ジョーンズ、野球選手のデレク・ジーター、バスケットボールのスター選手マイケル・ジョーダンがいた。

*アメリカのプロバスケットボールリーグ。

▶2012年、テニスの全仏オープンで優勝したマリア・シャラポワ（左）と準優勝のサラ・エラニ。2人ともナイキのウェアを着用している。

▲1986年のNBAで、エア ジョーダンのファーストモデルをはいてプレーするマイケル・ジョーダン（ボールをもった選手）。

写真：アフロ

「エア ジョーダン」の発売

　世界の一流選手たちが何かの商品を推薦したり宣伝したりすることはよくある。しかし、マイケル・ジョーダンがナイキのシューズを宣伝したことほど、その効果が大きかったのはないといわれている。ジョーダンがまだ新人プロ選手だった1984年、ナイキは早くもジョーダンとスポンサー契約を締結。その金額は5年間にわたって250万ドル。しかも1足当たりいくらかの割合で報奨金を支払うという契約だった。ナイキは彼の名前を冠した「エア ジョーダン」を発売し、大成功をおさめた。

アディダスをぬいた！

　ナイキは1980年に売上高269万ドルを達成。アディダスにかわってアメリカでもっとも人気のあるスポーツシューズのメーカーとなった。1980年には株式を公開し、ショートパンツやTシャツなどの衣類の販売も開始。1982年までに200以上の衣料分野の商品をつくり、その売上は70万ドルにのぼった。

支えた人
マーク・パーカー

　2006年に最高経営責任者（CEO）になったパーカーも、ペンシルベニア州立大学在学中は熱心な陸上選手だった。1979年にナイキに入社してから長年、製品の研究・設計からマーケティング、ブランド管理にいたるまで多くの関連分野で仕事をしてきた。シューズデザインにおいても、いくつかの革新的な手法をとりいれた。2003年に買収したスポーツ用品・生活雑貨ブランド「コンバース」などのシューズ以外の分野の指揮もおこなってきた。

▶世界的ブランドとなったナイキを率いる3代目最高経営責任者、マーク・パーカー。

覚えておこう！
株主の利益

　株主が得られる利益には、安く買った株を高く売ることによる差益（キャピタルゲイン）と、会社の毎年の利益の一部が分配される配当の2種類がある。

10 ナイキ本社内部では

ナイキの本社はアメリカ、オレゴン州のビーバートン付近にある。そこには最新鋭のトレーニング施設・テスト施設がある。働いている人は5000人以上にのぼる。

「ナイキ・ワールド・キャンパス」

オレゴン州のビーバートン近くにあるナイキ本社は、世界的な成功を象徴するような建物だ！

「ナイキ・ワールド・キャンパス」とよばれているナイキの本社は、約77万平方メートルの敷地内に18の建物と科学研究所や資料館がある。入り口から続く道「ワン・バウワーマン・ドライブ」は、ビル・バウワーマンの名前にちなんでいる。また、18の建物もすべてナイキがスポンサーとなったスポーツ選手の名前がつけられている。また、キャンパスの入り口近くには、48の国旗がならぶコートがある。これは1990年にキャンパスができた当時にナイキがビジネスをしていた国をあらわしている。建物どうしのあいだにある歩道「ナイキ・ウォーク・オブ・フェイム」では、ナイキと選手のつながりを記念する盾を300以上見ることができる。

▼広大な敷地をほこるナイキ・ワールド・キャンパス。

◀ 女性向けの新しいウェアについて話しあうナイキのゴルフチーム。

だれの名前?

● 「ミア・ハム・ビル」

本社内で最大の建物は、「ミア・ハム・ビル」とよばれる、面積が約4万2000平方メートルのもの。ハムは、1996年のオリンピックの女子サッカーで金メダルを獲得したアメリカの選手で、かつて女子サッカーの最多得点記録を保持していた。この建物には、スポーツ研究所、素材や機械のテストをおこなう研究所、「イノベーション・キッチン」とよばれる食堂などがある。

● 「ボー・ジャクソン・フィットネスセンター」

当然のことながら、ナイキは、社員の健康と体力増進を重視している。社員とその家族は、無料で「ボー・ジャクソン・フィットネスセンター」に通うことができる。ジャクソンは、アメリカの有名なプロ野球選手およびアメフト選手だ。そこにはジム、ランニングトラック、ウエイトルーム、テニスなどラケットスポーツのコート、11レーンのプールに加え、フリークライミング用の高さ約10メートルの壁まである。

● 「マイケル・ジョンソン・ランニングトラック」

古くなったナイキの5000足のランニングシューズを回収・リサイクルしてつくられたのが、「マイケル・ジョンソン・ランニングトラック」だ。この名前は、アメリカの元ランナーにちなんでいる。

● 「ロナウド・アスレチックフィールド」

サッカーのピッチが2つある「ロナウド・アスレチックフィールド」は、ブラジルの有名な元サッカー選手ロナウド・ルイス・ナザリオ・ジ・リマの名前にちなんでいる。

支えた人

デビッド・エア

エアは、おもに人事の仕事を20年以上つとめてきた。彼はウェスタンオンタリオ大学で経済学と会計学の学位を、マックマスター大学では財政学で経営学修士号(MBA)を取得。ナイキに入社する前は、「ペプシコーラ」のペプシコ社にいた。そこでは全世界にいる16万人の社員に対しボーナス制度・給付金制度をつくったといわれる人物だ。

覚えておこう!

人事

人事の仕事は社員の管理と、人材養成、従業員の評価、従業員教育だ。スカウトしたり養成したりした、優秀な人材の能力をのばすことにつとめている。人材がライバル会社に引きぬかれるのをふせぐこともある。

11 一時的な問題

どんな一流会社の歴史にもかならず問題はある。問題が起こったとき、それをかくしたりにげたりせず、しっかり立ちむかい、効果的に解決することで、会社はより強くなれるのだ。

1987年をのぞきトップ

1980年からナイキは、競技用シューズの売上高世界トップとなりつづけていた。しかし、1987年だけはエアロビクスブームを軽視したことからリーボックにぬかれてしまった。それでも1991年には全体の売上高が30億ドルとなり、1997年には90億ドルに達した。

1998年危機

1998年、それまで順調に成長してきたナイキの業績が急にさがった。カンボジアやパキスタンなどで働くナイキ社員の労働環境の問題がマスコミをにぎわせ、ナイキのブランドイメージに打撃をあたえた。それは、多くの社員が未成年だったこと。低賃金で働かされていたこと。製造過程で危険な化学薬品をつかっていたことなどだった。

こうしたなか、ナイキは大幅な人員削減をおこなわなければならなかった。

ナイキのイメージ回復には、その後、相当な努力と大きな資金が必要だった。しかし、二度とそのようなことのないようにしたいという思いは、その後のナイキの根幹をつくっていった。

スポンサー契約費用は削減なし

売上の落ちこんだ時期にもかかわらず、一流選手とのスポンサー契約は費用を削減しなかった。それどころか、1998年の危機の際、会社の宣伝のために10億ドルを費やしたという。ナイトは会社がどんなに苦しくてもスター選手の力(⇒P20)を決して切りすててはならないと考えていた。

支えた人
チャーリー・デンソン

デンソンは1979年にナイキへ入社。当初はオレゴン州ポートランドにあるナイキ初の小売店のアシスタント・マネージャーをつとめた。彼はそこで徹底的にビジネスを学んだ。顧客と強固な関係を築き維持することの大切さを知った。彼の目標は、ナイキを世界でもっとも際立った、本物のスポーツブランドとすることだった。彼は、これまで30年以上、バスケットボール、サッカー、メンズトレーニング、ランニング、スポーツウェア、レディーストレーニング、ジョーダンブランド、ナイキゴルフ、スノーボード、フリークライミングなど、あらゆる販売分野で指揮をとってきた。また、アメリカやヨーロッパでの事業だけでなく、中国、インド、ブラジルへの進出も指揮してきた。彼こそ、160か国以上への進出をとげたナイキの世界的成長の推進をとげた革新者なのだ。

◀ナイキの世界進出を担当したチャーリー・デンソン。2014年に退任。

▲ ナイキジャパンが2005年2月20日に東京都立代々木公園内に寄贈したオリジナル・バスケットボールコート。コートには、シューズをリサイクルした素材がつかわれている。

環境改善が売上回復へ

ナイキは世界各地にある工場の労働環境の改善を積極的におこなった。すると労働条件がよくなるにつれて、売上もじょじょに回復していった。

また、古いシューズをリサイクルしてサッカーの人工芝ピッチや陸上競技用トラック、野球場の材料にするという「ナイキ・グラインド」が注目され、称賛されるようになった。

ナイキはバスケットボールシューズを、製造廃棄物からつくる初の試みをしたと宣伝。甲の部分は工場の床に落ちている革や合成皮革からできていること、ソールはシューズのリサイクルプログラムですりつぶされたゴムでできていることを広告した。これも各方面から評価の声があがった。

覚えておこう！

マーケティング

マーケティングとは、会社がマーケット（市場）の求める商品を提供できるように、市場と需要の状況を理解すること。マーケティングにより、販売活動のエネルギーを最小限度におさえることができる。ナイキが成功をおさめたのには、ゴルフ、サッカー、テニスなどあらゆるスポーツ分野の有名人による宣伝効果があげられる。すなわち、ブランドと勝者・勝利を結びつけるのに成功したわけだ。

12 世界的ブランド

ナイトは、ナイキを真の世界的ブランドにするという展望をいだいた。そのためには、サッカー、ゴルフはもちろん、クリケットでも、よく知られるようになる必要があった。

世界的なビッグイベント

ナイキにとって最悪だった1998年でも、ナイキは競技用シューズの世界販売シェアの50%を占めていた。これはおもにサッカーのスパイクシューズや通気性にすぐれたシューズなど、ランニング以外のスポーツシューズの売上によって達成された。とくに2002年のFIFAワールドカップではじめて使用されたブーツ型スパイク「マーキュリアル」は売上に貢献した。

また、世界じゅうの人が観戦するFIFAワールドカップのようなイベントはサッカー関連商品の売上に目ざましい効果があらわれる。2010年の決勝トーナメントの期間中、15万枚ものサッカーユニフォームが売れた。2012年のサッカーヨーロッパ選手権では、ナイキはオランダやポルトガルチームなどのスポンサーとなった。

▼長年にわたって、ナイキはランニングをこえて数多くの人気スポーツへも影響を広げてきた。

▲タイガー・ウッズが世界的な成功をおさめたことで、ナイキはゴルフ関連市場でもシェアを得た。

タイガー・ウッズもクリケットも一発勝負

プロゴルファーのタイガー・ウッズのスポンサーになったことは、世界市場を切りひらくあらたなきっかけとなった。1998年にウッズのシューズやウェアを売りだしたとき、ナイキのゴルフ商品の売上は80％アップしたという。

最近になってナイキは、インドのクリケットチームへのスポンサー契約を5年間で6066万ドルとした。この額は、過去5年より1500万ドルものアップだった。競争相手のアディダスが、スポンサーになろうとするのを阻止するためだった。

インドにおけるクリケット人気は絶大だ。そのインドは経済成長のまっただなかにある。その巨大マーケットでナイキが成功する可能性をクリケットにかけたのだ。

もうひとつの世界進出

ナイキが世界進出をはたしたもうひとつの方法は、「ナイキタウン」というナイキ製品を専門に販売する店だ。そこではナイキのほとんどすべての商品を販売している。

世界の都市の目立つ場所にある店内には、ナイキと関連のあるスポーツのスター選手の像があり、大きなスクリーンにナイキの宣伝や販売促進ビデオが流されている。ナイキタウンの1号店は、1990年にオレゴン州のポートランドでオープンした。東京で店舗がオープンしたときは、たった3日間で100万ドル相当の売上があったという。

こうしたナイキタウンは、これまでの20年間でナイキの知名度と収益拡大に大きく貢献してきた。

支えた人
ハンス・ファン・アルベーク

アルベークは、グローバルオペレーション＆テクノロジー担当の役職についている。彼は、工場から世界じゅうの店舗へ商品を運送する過程「サプライチェーン（供給プロセス）」を監督している。また、情報技術（IT）部門のトップでもある。彼は、コンサルティング会社のマッキンゼー・アンド・カンパニーでの勤務を経て、1999年にナイキに入社。ヨーロッパ事業の責任者に就任した。その後も上位の役職にのぼり、2014年現在はグローバルオペレーション＆テクノロジーのエグゼクティブ・バイスプレジデントの役についている。

覚えておこう！
拡大

ビジネスの世界での「拡大」とは、会社もしくは事業の規模を大きくすること。ナイキの場合、オニツカタイガーの販売代理業から、独自のランニングシューズを製造、その後ほかのスポーツのシューズ、スポーツウェアと、より大きな範囲の商品を製造するように拡大してきた。拡大によって、賃金や事務所の賃貸料が同じまま、利益を増やすことができるので、費用効率がより高くなるといわれている。

13 ナイキの将来に待つものは？

世界的な巨大企業にとって、もっともむずかしいことは、トップの座にのぼりつめることではない。その地位にいつづけることだといわれている。

これからは中国やロシアだ

現在のナイキにとってもっとも重要な課題は、おそらく中国やロシアのような急成長をとげている市場でいかにシェアを広げていくかだろう。これらの市場は、十分にお金がある。スポーツ用品に興味があって、ファッションにも敏感な消費者が多い。

広い中国にはナイキの小売店が7000以上もあるが、それでもチャーリー・デンソンはかつて、小さなまちにも店舗をつくっていきたいと述べていた。彼は、「スポーツのすばらしいところは、住んでいる場所が上海だろうが北京だろうが、小さいまちであろうが関係ないところだ」とも語った。さらに、まだ開発されていないアフリカでもナイキブランドは広がっている。

中国での急成長ぶり

近年、ナイキは中国でもっとも強力な競技スポーツブランドになってきた。中国ではナイキの収益が10億ドルに達するまで、26年近くかかっている。ところが、それが2倍になるのにわずか4年しかかからなかった。2011年5月時点では、ナイキ全体の収益のうち11.4％が中国。この数字は今後も成長していくと見られている。

▲アフリカのモザンビークで、手書きのナイキのサインの前にすわる2人の子ども。

アウトドアスポーツも

ナイキは、ハイキング、マウンテンバイクサイクリング、カヤックといったアウトドアスポーツ用品やウェア部門でも成長してきた。とくにウェアではファッションに敏感な女性向けの商品を強化していくという。

さらなる技術革新

かつて流線型のボディースーツが注目を集め、それを着たランニング、スケート、水泳などの選手が世界記録をどんどんぬりかえたことがあったが、現在もあらゆるスポーツ用品において進化は続いている。

たとえば、軽い新素材によって性能や快適さがあがったトレーニングシューズや、ボールをより遠くに飛ばせるゴルフクラブ、よりまっすぐに飛ぶボール、使用者の精度や力を引きだすサッカーシューズなどがあげられる。右上の写真のように

▲新しいユニフォーム一式のモデルをつとめるイギリスのラグビー選手。

ラグビーでも、ナイキは目立ってきている。

ナイキが今後も、あらゆる運動選手がチャンピオンとなるために役立つものを求め、限界にチャレンジしつづけることはたしかだ。まさにナイキのキャッチコピーにある「Just Do It.(⇒P7)」である。

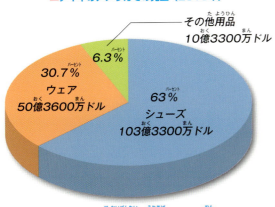

▲ナイキのアメリカでの売上（2010年）

その他用品 3億6400万ドル 4.8％
ウェア 21億500万ドル 27.8％
シューズ 51億900万ドル 67.4％

▲ナイキの世界全体の売上（2010年）

その他用品 10億3300万ドル 6.3％
ウェア 50億3600万ドル 30.7％
シューズ 103億3300万ドル 63％

「わたしはビーバートンのキャンパスを見てまわり、自分たちがなしとげたことに対して鳥肌が立つことがある。しかし、そんなことをしてばかりではいけない。なぜなら、半年ごとに新しい人生が訪れて、時代の先にいつづけるために、目の前に現れるものを気にしなければならないからだ。『すごいなあ』といって時間を費やすだけでは、負けだ！」

フィル・ナイト

覚えておこう！

ブランド

名前や外見もふくめ、商品のあらゆる性質や特徴が、消費者にとってのブランドとなる。ナイキもマクドナルドもアップルも、成功するためには必要なものがある。それは、競合商品よりも何かしらの形で目立つ特色、つねに同じ品質レベルの商品を提供することで信用を得るという一貫性、ロゴマークや外見によるわかりやすさ、そして魅力だ。スウッシュ(⇒P4, 16)を見れば、たとえ会社の名前が入っていなくてもナイキだとどんな人もわかる。これは最大の武器となるのだ。

ナイキの全体像

ナイキの社名がブルーリボンスポーツ(⇒P9)だった時代、日本からオニツカタイガー(現アシックス)のランニングシューズを輸入して販売していた。その後、仕入れ先をオニツカタイガーのライバル会社に変更。それはきわめてたくみな戦略だった。いまでは世界のトップランナーだ！

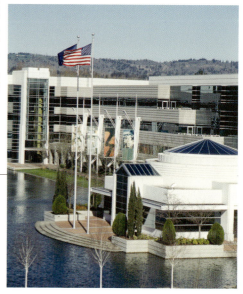

現在のナイキ
- 本　　社：アメリカ、オレゴン州
- 日本法人：ナイキジャパン
- 事業内容：シューズ、衣料、衣料用品およびアクセサリーのデザイン・マーケティング

歴史
- 1964年…フィル・ナイトとビル・バウワーマン、ブルーリボンスポーツ（BRS）設立。オニツカタイガーのシューズを輸入・販売。
- 1966年…カリフォルニアのサンタモニカにBRSの第1号店オープン。
- 1971年…ロゴマークの「スウッシュ」とナイキブランドが誕生。「タイガーコルテッツ」に、スウッシュをつけたものを福岡の会社が製作。それをBRSが、輸入・販売した。
- 1974年…「ワッフルソール」をつかった「ワッフルトレイナー」が大ヒット。
- 1978年…社名を正式に「ナイキ」に変更。
- 1979年…はじめての「エア」をつかった、「ナイキ テイルウィンド」を発売。
- 1980年…アメリカのスポーツシューズ市場で、シェア50％を占める。
- 1982年…「エア フォース 1」発売。
- 1984年…マイケル・ジョーダンとスポンサー契約を締結。
- 1987年…エアロビクスブームの際、リーボックに業界1位の座をうばわれる（翌年奪回）。
- 1990年…ナイキタウンの1号店をオレゴン州ポートランドに開店。
- 1991年…売上高は30億ドルに成長。1997年には90億ドルを達成。
- 2012年…アメリカンフットボールのプロリーグ、NFLの公式アパレルとなる。

たくみすぎる戦略

2014年のテニス・全米オープンで、ロジャー・フェデラーの1回戦にアメリカプロバスケットボールの往年のスター、マイケル・ジョーダンが応援に来た。フェデラーのシューズはナイキ製。そしてつぎの試合でフェデラーは、ナイキの「ナイキコート ズーム ヴェイパー エア ジョーダン 3」をはいた。それは、かつてマイケル・ジョーダンが宣伝していた「エア ジョーダン 3」のデザインをとりいれたものだった。
なんとも巧妙なナイキのマーケティング戦略だ。世界じゅうのスポーツ愛好家は、こんな具合にナイキのマーケット戦略にまきこまれている。
それほどナイキは、すごい企業である！

さくいん

ア

アシックス ……………… 8, 17, 30
アディダス ……………… 6, 11, 12, 13, 15,
　　　　　　　　　　　16, 18, 19, 21, 27
アンドリュー・ウィーティング ……… 10
アンドレ・アガシ ……………… 20
アンドレス・イニエスタ ……………… 4
エア ……………………………… 19, 30
エア ジョーダン ……………… 21
エア ジョーダン 3 ……………… 30
エア トレイナー ……………… 19
エア フォース 1 ……………… 17, 19, 30
エルナン・コルテス ……………… 15
オニツカタイガー …… 8, 9, 10, 11, 12, 13,
　　　　　　　　　　　14, 15, 17, 27, 30
オレゴン大学 ……………… 8, 9, 10, 20
オレゴンワッフル ……………… 18
卸売業 ……………………………… 11

カ

拡大 ………………………………… 27
株式（株）……………………………… 9, 21
株式会社 ……………………………… 9
株主 ……………………………… 9, 21
キャッチコピー ……………… 7, 29
キャロライン・デビッドソン …… 4, 16
クリケット・ワールドカップ ………… 4
研究・開発（R&D）……………… 13
小売業 ……………………………… 11
コルテッツ ……………… 12, 13, 15, 17
コンバース ……………………… 18, 21

サ

最高経営責任者（CEO）……………… 21
ザ・ビートルズ ……………… 19
サプライチェーン ……………… 27
サラ・エラニ ……………… 20
ジェフ・ジョンソン …… 4, 10, 11, 16
ジッポー（Zippo）……………… 16
シャール・シュワーツェル ……… 4
Just Do It. ……………… 7, 29
ジョギング ……………… 5, 12
ジョン・マッケンロー ……………… 20
人事 ……………………………… 23
スウッシュ（Swoosh）…… 4, 16, 29, 30
スティーブ・プリフォンテーン …… 20
ゼロックス（Xerox）……………… 16
全仏オープン ……………………… 20
全米オープン ……………………… 30
損益 ………………………………… 19

タ

タイガー・ウッズ ……………… 27
チャーリー・デンソン ……… 24, 28
デビッド・エア ……………… 23
デレク・ジーター ……………… 20
トミー・スミス ……………… 13

ナ

ナイキ ……………… 4, 5, 6, 7, 8, 11, 13,
　　　　　15, 16, 17, 18, 19, 20, 21, 22,
　　　　　23, 24, 25, 26, 27, 28, 29, 30
ナイキ・グラインド ……………… 25
ナイキコート ズーム ヴェイパー
　　　　　エア ジョーダン 3 ……… 30
ナイキジャパン ……………… 25, 30
ナイキタウン ……………… 27, 30
ナイキ テイルウィンド ……… 19, 30
ナイキ・ワールド・キャンパス ……… 22
ニーケー（Nike）……………… 4, 5, 16

ハ

ハンス・ファン・アルベーク ……… 27
ビル・バウワーマン（バウワーマン）
　　　　　……… 5, 8, 9, 10, 12, 13,
　　　　　14, 17, 18, 20, 22, 30
ビル・ファレル ……………… 10
ビン・ラナナ ……………… 10
FIFAワールドカップ ……… 4, 26
フィリップ・ナイト（フィル・ナイト／ナイト）
　　　　　……… 4, 5, 7, 8, 9, 10, 11, 12, 14,
　　　　　15, 16, 17, 19, 20, 24, 26, 29, 30
プーマ ……………………………… 18
フランク・ルディ ……………… 19
ブランド ……………… 13, 25, 29
ブランド・ストレッチ ……………… 15
ブルーリボンスポーツ（BRS）…… 5, 8, 9, 10,
　　　　　11, 12, 13, 14,
　　　　　15, 16, 18, 20, 30
ボー・ジャクソン・フィットネスセンター …… 23

マ

マーキュリアル ……………… 26
マーク・コバート ……………… 18
マーク・パーカー ……………… 21
マーケティング ……… 21, 25, 30
マイケル・ジョーダン ……… 20, 21, 30
マイケル・ジョンソン・ランニングトラック …… 23
マスターズ ……………………………… 4
マリア・シャラポワ ……………… 20
マリオン・ジョーンズ ……………… 20
ミア・ハム・ビル ……………… 23
メキシコシティーオリンピック …… 12, 13, 15
モントリオールオリンピック ……… 20

ヤ

ヨーロッパ選手権 ……………… 26

ラ

リーボック ……………… 6, 24, 30
劉翔 ………………………………… 5
ルノー・ラピレニ ……………… 7
ロゴマーク ……………… 4, 11, 16, 29, 30
ロジャー・フェデラー ……………… 30
ロナウド・アスレチックフィールド ……… 23

ワ

ワッフルソール ……………… 18, 30
ワッフルトレイナー ……… 18, 30

■ **原著／アダム・サザーランド**
20年以上執筆を続けているノンフィクション作家で、数多くの賞を受賞している。主な執筆分野はスポーツ、ポップ・カルチャー、経済、ソーシャル・メディアなど。

■ **翻訳／稲葉茂勝（いなば・しげかつ）**
1953年東京生まれ。東京外国語大学卒。編集者としてこれまでに800冊以上を担当。そのあいまに著述活動もおこなってきている。おもな著書には、『大人のための世界の「なぞなぞ」』『世界史を変えた「暗号」の謎』（共に青春出版社）、『世界のあいさつことば』（今人舎）、「世界のなかの日本語」シリーズ1、2、3、6巻（小峰書店）、『いろんな国のオノマトペ』（旺文社）などがある。
※P2およびP30は訳者による加筆である。

■ **編集／こどもくらぶ**
あそび・教育・福祉・国際分野で、毎年100タイトルほどの児童書を企画、編集している。

■ **企画・制作・デザイン／株式会社エヌ・アンド・エス企画**
吉澤光夫

この本の情報は、特に明記されているもの以外は、2014年11月現在のものです。

■ **写真協力**（掲載順）

Acknowledgements: The author and publisher would like to thank the following for allowing their pictures to be reproduced in this publication: Cover image: Nickel/Design Pics/Corbis; 4 Jeff Mitchell/FIFA via Getty Images; 5 Imaginechina Corbis; 8 Nike website; 10 Ross Dettman/AP/Press Association Image; 11 © AlamyCelebrity/Alamy; 12 Gerry Cranham/Offside; 13 Press Association; 14 John Gress/AP/Press Association Images; 15 georgios; 16 © Lefteris Ppaulakis – Fotolia.com; © ilian/Alamy; 17 Corbis; 18 The Granger Collection, NYC/TopFoto.co.uk; 19 The Granger Collection/TopFoto; 20 Thomas Coex/AFP/GettyImages; 21 Nike website; 22 Mark Peterson/Corbis; 23 Rich Frishman/Sports Illustrated/Getty Images; 24 Nike website; 26 Thomas Coex/AFP/GettyImages; 27 Tony Bowler/Shutterstock.com; 28 Nickel/Design Pics/Corbis; 29 © David Rogers/Getty Images for Nike; 30 Mark Peterson/Corbis

BIG BUSINESS series / Nike by Adam Sutherland
First published in 2013 by Wayland
Copyright © Wayland 2013
Wayland
338 Euston Road, London NW1 3BH
All rights reserved
Japanese translation rights arranged with Hodder and Stoughton Limited on behalf of Wayland, a division of Hachette Children's Books through Japan UNI Agency, Inc., Tokyo

「はじめに」の答え
①× ②× ③× ④× ⑤○ ⑥○ ⑦○ ⑧× ⑨× ⑩×

知っているようで知らない会社の物語 ナイキ

2015年1月30日　初版第1刷発行　　　　　　　　　　NDC672

発行者　竹内淳夫
発行所　株式会社 彩流社
　　　　〒102-0071 東京都千代田区富士見2-2-2
　　　　電話　03-3234-5931
　　　　FAX　03-3234-5932
　　　　E-mail　sairyusha@sairyusha.co.jp
　　　　http://www.sairyusha.co.jp

印刷・製本　凸版印刷株式会社

※落丁、乱丁がございましたら、お取り替えいたします。
※定価はカバーに表示してあります。

© Kodomo Kurabu, Printed in Japan, 2015

275×210mm　32p
ISBN978-4-7791-5003-6　C8330

本書は日本出版著作権協会（JPCA）が委託管理する著作物です。複写（コピー）・複製、その他著作物の利用については、事前にJPCA（電話03-3812-9424、e-mail:info@jpca.jp.net）の許諾を得て下さい。
なお、無断でのコピー・スキャン・デジタル化等の複製は著作権法上での例外を除き、著作権法違反となります。